献给蛇类放屁专家戴维·斯特里恩。如果没有您的指导帮助，本书稿将无法成书。

——尼克·卡鲁索、达尼·拉巴奥蒂

献给福瑞亚。

——艾利克斯·G.格里菲斯

图书在版编目（CIP）数据

鱼会放屁吗？ / (美) 尼克·卡鲁索, (英) 达尼·拉巴奥蒂著 ; (英) 艾利克斯·G.格里菲斯绘 ; 云甫译. -- 北京 : 海豚出版社, 2020.8（2021.8重印）
ISBN 978-7-5110-5295-7

Ⅰ. ①鱼… Ⅱ. ①尼… ②达… ③艾… ④云… Ⅲ. ①动物—儿童读物 Ⅳ. ①Q95-49

中国版本图书馆CIP数据核字(2020)第109633号

Does It Fart?

北京市版权局著作权合同登记号 图字：01-2020-3043号

鱼会放屁吗？

〔美〕尼克·卡鲁索 〔英〕达尼·拉巴奥蒂 著
〔英〕艾利克斯·G.格里菲斯 绘
云甫 译

出版人 王 磊
选题策划 联合天际
责任编辑 许海杰 李宏声
特约编辑 严 雪
装帧设计 浦江悦
责任印刷 于浩杰 蔡 丽
法律顾问 中咨律师事务所 殷斌律师

出 版 海豚出版社
社 址 北京市西城区百万庄大街24号 邮编：100037
电 话 010-68996147（总编室）
发 行 未读（天津）文化传媒有限公司
印 刷 天津联城印刷有限公司
开 本 16开（787mm×1092mm）
印 张 3
字 数 20千
印 数 6001-9000
版 次 2020年8月第1版 2021年8月第2次印刷
标准书号 ISBN 978-7-5110-5295-7
定 价 68.00元

本书若有质量问题，请与本公司图书销售中心联系调换
电话：（010）52435752

鱼会放屁吗？

〔美〕尼克·卡鲁索 〔英〕达尼·拉巴奥蒂 著
〔英〕艾利克斯·G. 格里菲斯 绘
云甫 译

海豚出版社
DOLPHIN BOOKS
中国国际出版集团

这是一本与屁有关的动物百科。

没错！屁，有时也被称为“肠气”“废气”“臭气”“矢气”等。

当你听到放屁的声音时，可能会觉得很好笑，因为这种声音听起来怪怪的。不仅如此，屁的气味更是古怪，至少有些人是这样认为的。不过，这种奇怪的声音和气味到底是如何产生的呢?

第一种解释是，当你吃饭、喝水时，有一小部分空气会随着食物和水一同被你吞进肚子里。这些空气通常会以打嗝的方式破口而出，不过有时也会以屁的形式偷偷泄漏。

第二种解释是，食物被你吃下去后，会在你的体内发生分解，这个过程叫作“消化”，消化过程中会产生少量气体，这些气体在你的胃肠道内不断累积，需要一个出口。此时，你身上的肌肉会将它们向下推送，直至从肛门释放——你拉出的臭臭也会经历同样的过程。这下，当你再听到人们说“放屁”的时候，就可以脑补全套过程了。

第三种解释是，你的身体里生活着很多超级小的生物，它们被称为“细菌”。如果你吃下去的食物不太容易消化，这些细菌就会来帮你解决。它们会大口大口地吞下食物，同时产生很多气体，这些气体——你猜对了，它们最终会“噗”的一声被释放出来。

你或许也注意到了，人们放出的屁不尽相同，有的很臭，有的次数很多。会放出什么样的屁取决于你吃什么样的食物、你的身体状况，以及你肠道内细菌的数量。

如果你吃的是花椰菜、豆类食物，或是像牛奶、酸奶这样的乳制品，那么你可能

就会变成一个“小屁孩”。因为这些蔬菜和乳制品不太容易消化，而消化的时间越长，累积的废气也就越多。

有的屁闻起来并不是很臭，因为屁中有很多的二氧化碳，这种气体是无味的。不过，当你吃的食物当中含有较多的硫时，例如肉类，那么你放出的屁就会臭不可闻。此外，如果你肚子不太舒服，或是对吃下去的食物过敏，你放出的屁也会非常难闻。

当你肠道内的细菌数量过多时，这些“消化机器”所产生的废气也会增多，而摆脱它们最好的办法就是——让你的屁股喷一喷气（小心变成喷气式飞机哟）。

好了，你是不是一读到“屁”这个字就想笑？

没错！放屁很好笑，而且如果你家里养宠物的话，你就会发现，动物们放的屁相当、超级、无敌搞笑。想想看，一头鲸放出的屁应该会很壮观吧？那蛇与蜘蛛呢？章鱼会放屁吗？如果会的话，它放出来的屁又会是什么样的呢？

读完这本书，你就会知道这些动物是否会放屁了（不仅如此，你还将知道它们为什么会放屁，怎么放屁，以及都会放出怎样的屁）！

马	雪貂	猩猩	狗
鹦鹉	鳞鲶	独角兽	恐龙
猎豹	山羊	蛇	鲱鱼
蜘蛛	蝾螈	章鱼	小孩
鲸	海狮	狐猴	

猜猜看，它们当中哪些会放屁，哪些不会放屁？

让我们一起来找出答案吧！

这是一匹马。

它会放屁吗？

会！

马是食草动物，而草含有大量的纤维素，这种物质不太容易被分解，所以草通常需要很长时间才能被消化完。马的身体里有很多细菌帮助它们进行消化，大量的草 + 大量的细菌 = 很多很多的屁。马是动物王国里放屁最多的成员。

这是一只鹦鹉。

它会放屁吗？

不会！

鸟类不会放屁，因为它们的肚子里缺少制造气体的细菌，而且食物在鸟类体内消化和排泄的速度也比较快，不容易累积气体。鹦鹉特别擅长模仿各种声音，因此有不少人误以为自己听到了鹦鹉的“屁声”。其实，那些声音是通过它们的嗓子发出来的，有点儿像人们用嘴巴发出的咂舌声。

这是一头猎豹。

它会放屁吗？

会！

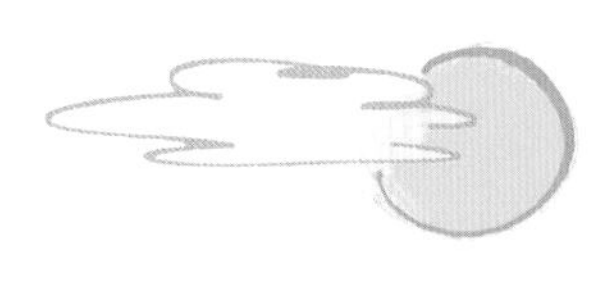

猎豹属于食肉动物，它们的猎物主要是瞪羚和黑斑羚。因为食肉的关系，它们放出的屁非常、非常、非常难闻。或许这也是为什么它们成了世界上奔跑速度最快的动物——大概是想甩掉这种臭气吧！

这是一只蜘蛛。

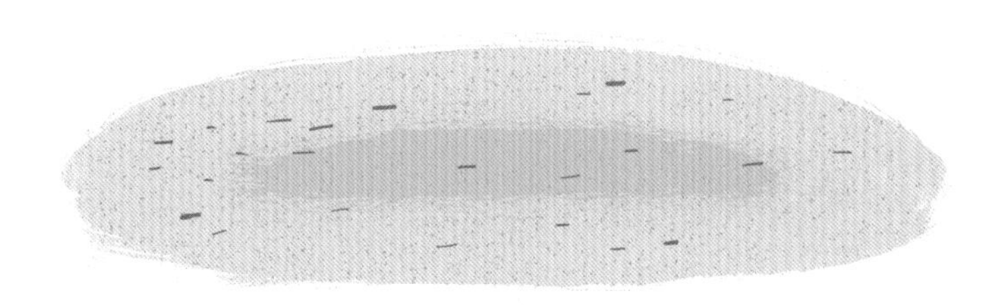

它会放屁吗？

谁知道呢！

科学家们目前知道的是：蜘蛛只吃液态食物。因此，当蜘蛛抓到猎物后，会先向猎物体内注入“毒液”，待它们的身体慢慢分解成液体，再吸溜着一饱口福（真挑食）！而蜘蛛的体内确实存在细菌，且这些细菌是有可能制造出气体的，这也就意味着蜘蛛是有可能会放屁的。（你被恶心到了吗？）

这是一头鲸。

它会放屁吗?

会！

鲸的体型一般较为庞大，蓝鲸是世界上体型最大的动物！它们拥有硕大的胃部，里面活跃着大量的细菌，可以帮它们分解浮游生物、鱼类等食物。食物在分解过程中产生的大量气体会积聚在鲸体内，迫使它们放出又大又臭的屁。而且，这还不是最厉害的！当一头鲸死亡后，气体仍然会在它的体内积聚，这会使它的身体被撑得很大，最终像气球一样爆炸！

这是一只雪貂。

它会放屁吗？

会！

雪貂有时会被自己放屁的声音吓到，显得一脸迷惑。不过，千万不要去故意吓唬它们，因为它们在受到惊吓时，会毫不迟疑地惊声尖叫，四脚腾空，屁滚尿流（这可能会让你也跟着尖叫起来）。

这是一只蛴蛉。

这是一只蛴蛉宝宝。

它们会放屁吗？

鳞蛉会将卵产在白蚁窝附近的朽木上。待鳞蛉宝宝孵化出来后，它们会悄悄钻进蚁穴，吃掉里面的白蚁！有一种鳞蛉还拥有一举灭杀白蚁的独门绝技——冲它们放屁！很不可思议吧！这些鳞蛉宝宝会将腹部后缘翘起，释放出一种化学物质，这种物质会令白蚁动弹不得，最终成为盘中餐，供鳞蛉宝宝大快朵颐。能过上这种不愁吃喝的日子，都要归功于鳞蛉与生俱来的致命毒屁。

这是一只山羊。

它会放屁吗？

会！

山羊有四个胃，每个胃里都住满了细菌，而且由于山羊吃下去的东西主要是各种植物，所以它们会频繁地放屁。除放屁外，它们还会打嗝。有一次，一架载有两千只山羊的飞机被迫中途降落，原因就是这些山羊在飞机上连放屁带打嗝——这些气体直接触发了防火警报！

这是一只蝾螈。

它会放屁吗？

或许会……吧。

从来没有人听到过蝾螈放屁，因此有科学家猜测，它们的尾部很可能缺少强有力的肌肉，无法将气体推送出来，导致人们听不见。不过，当蝾螈认为自己受到攻击时，它们会展开便便攻势——往攻击者身上排泄粪便，而且这些粪便超级难闻。所以，如果你饲养了一只蝾螈当宠物，可千万不要轻举妄动哟。

这是一头海狮。

它会放屁吗？

会！

海狮的主食是鱼（虽然有时也会吃一些螃蟹，甚至企鹅），因此它们放出的屁往往带有一股鱼腥味，而且需要强调的是——你肯定猜到了——超级难闻。据动物园饲养员说，海狮的屁是整个动物王国中最臭的！所以，你下次到动物园拜访海狮的时候，还是戴上口罩吧。

这是一只猩猩。

它会放屁吗?

会！

猩猩放屁的声音很大，次数也多。科学家们甚至会靠追踪屁声来寻找躲在树丛中的猩猩！所以，下次你想玩捉迷藏的时候，不妨挑战一下猩猩，说不定就成功了呢。

这是一只独角兽。

它会放屁吗？

它根本就不存在。

不过，假如独角兽真的存在，那么是的，它可能是会放屁的！独角兽的外形跟马很相似，而马，堪称“屁精”。所以，假如独角兽真的存在，它很可能是会放屁的，而且放出来的很可能还会是一条彩虹屁，上面点缀着小星星和纸杯蛋糕。

这是一条蛇。

它会放屁吗？

会！

这还不算完。有一种天赋异禀的蛇，叫作“索诺兰珊瑚蛇”，当它们感觉受到威胁时，会将头部藏到身体底下，并抬起尾部，将空气吸入泄殖腔（排泄物从这里排出体外），然后猛地将“气体炮弹”喷射出去，威慑对手。这种屁声听起来跟人类放屁的声音有点儿像，只是音调更高，也更加短促。说实话，蛇的这种抗击没多吓人，不过绝对算是一个颇为巧妙的小花招。

这是一只章鱼。

它会放屁吗？

不会！

章鱼的体内并没有能够制造出放屁原材料（气体）的细菌。不过，它们能够执行两种操作，起到类似放屁的效果：1. 当遇到危险时，它们能够迅速喷出水柱，推动自己快速逃开；2. 它们能够喷出墨汁来迷惑敌人（有时还会令敌人中毒）。很酷吧？

这是一只狐猴。

它会放屁吗？

会！

这还不是最厉害的，狐猴还会通过各种气味进行交流。特别是环尾狐猴，它们的腕部和肩膀能够分泌出不同的物质，这些物质具有刺鼻的气味。雄性环尾狐猴会将这些物质混合起来，蹭在自己的尾巴上，然后再将尾巴高高竖起，进行“臭味决斗”（如此庸俗，又如此高调）。

这是一只狗。

它会放屁吗？

会！

由于很多人都喜欢养狗，所以科学家们一度研究过降低狗狗放屁频率的方法，好使它们身上的气味不再那么难闻。他们甚至研制出了一件狗狗专用外套，它可以吸收狗狗放出的屁，以免主人们“摄屁”过量。在对外套效果进行测试的时候，科学家必须对不同狗狗穿着外套放出的屁的难闻程度进行排序！所以，下次当爸爸妈妈要求你做家务时，庆幸其中没有“闻狗屁”这项任务吧。

这是一只恐龙。

它会放屁吗？

再也不会了！

恐龙早在千百万年前就已经灭绝了。现存唯一由恐龙进化而来的动物是鸟类，而鸟类是不会放屁的。不过，由于恐龙的种类繁多，所以有些恐龙是会放屁的也说不定（如果真是那样的话，那么它们的屁绝对是“史前巨屁”）。

这是一条鲱鱼。

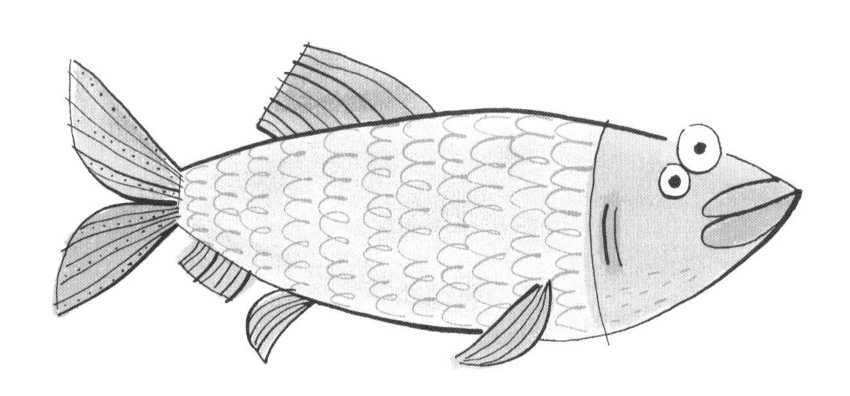

它会放屁吗？

会！

鲱鱼会浮出水面，大口地吞下空气，并将它们储存在体内，以便返回水下后能够放屁。鲱鱼的这种屁被称为“快速重复信号”（FRT），发出的是一种类似嘟噜嘴一样连续颤动舌或小舌的声音，是可持续数秒的高频音。科学家们认为，鲱鱼正是通过这种声音来互相交流、保持联络的。不过，大部分捕食者是听不到这种高频屁声的，也就是说，鲱鱼的屁声是一种自带加密功能的信息。（怎么样？羡慕吧！）

这是一个小孩和另一个……小孩。他们会放屁吗？

（你应该已经知道答案了。）

当然会！

不论是你的父母还是邻居，老师还是国王，所有人都会放屁。人们每天会放十几、二十个屁（当然，也有人一天要放五十个屁）。

有趣的是，人类是世界上已知的唯一会因为放屁而感到尴尬或作呕的物种。所以，下次当你不经意间放了一个屁的时候，要记得从动物王国获得的启示：放屁虽然好笑，但也是具有科学道理的。谁都会放屁，包括你所喜欢的动物们。

你只需要注意一点：不要和别人比谁的屁更臭，更不要试着发明什么“放屁密码”。